AF502828

NOTICE

SUR LE

VIN CHALYBÉ BALSAMIQUE

DE

MILLERET

Pharmacie, [illegible] rue des Fossés-Montmartre

PARIS

BEAUVAIS, IMPRIMERIE D[illegible], RUE SAINT-JEAN.

NOTICE

SUR LE

VIN CHALYBÉ BALSAMIQUE

DE

MILLET.

Pharmacie, 41, rue des Francs-Bourgeois.

BEAUVAIS, IMPRIMERIE D. PÈRE, RUE SAINT-JEAN.

NOTICE

SUR LE

VIN CHALYBÉ BALSAMIQUE

DE

MILLET

Il y a quelques années, l'un de nos amis, Médecin distingué à Paris, peu satisfait des résultats qu'il obtenait dans sa pratique journalière par l'emploi des vins médicinaux, plus ou moins composés, qui abondent dans la Pharmacie, nous proposa de modifier, d'une manière à la fois rationnelle et scientifique, l'ancienne formule du Vin chalybé.

Je veux avoir, nous disait-il, un vin agréable au palais, dans lequel entreront les éléments connus pour agir, d'une manière efficace, sur l'acte de la nutrition.

Ces éléments ne devront pas seulement servir

à la reconstitution des globules sanguins et, par
suite, à celle des divers tissus de l'économie, il
faut aussi qu'ils aient une action stimulante sur
le système nerveux central et sur le tube di-
gestif.

Je désire, en outre, que ce Vin puisse être
pris indifféremment par les adultes et les jeunes
enfants.

Tant de conditions n'étaient pas faciles à
remplir; cependant, nous nous mîmes à l'œuvre,
et, après de nombreux essais, nous parvînmes à
composer le Vin chalybé balsamique, que nous
pouvons considérer, à bon droit, comme irré-
prochable, puisque toutes les personnes, sans
exception, qui en ont fait usage depuis cinq ans,
nous ont adressé leurs compliments.

Nous avons soumis notre produit à l'approba-
tion du corps médical des hôpitaux, toujours si
compétent et si mesuré dans ses éloges.

Plusieurs médecins et chirurgiens de divers
établissements hospitaliers de Paris ont été
très-satisfaits de l'usage qu'ils en ont fait.

Un grand nombre de praticiens le prescrivent
fréquemment avec un grand succès.

Nous pourrions nous étendre longuement sur

les propriétés indiscutables de cette excellente préparation ; il nous serait même facile de reproduire des attestations multiples touchant les bons effets obtenus, soit par des médecins, soit par des malades ; nous préférons nous abstenir d'une telle publicité, qui paraît être l'apanage de certaines personnes.

Le sage, dit un proverbe, n'affirme rien qu'il ne prouve « *Sapiens nihil affirmat quod non probet* ». A ce titre, nous reproduisons quelques-unes des concluantes observations qui nous ont été adressées par des médecins de marque. Elles ont été choisies aussi courtes que possible, afin de ne pas fatiguer le lecteur d'une quantité de détails, qui n'ajouteraient rien d'ailleurs à l'importance des succès obtenus.

OBSERVATION I.

Chloro. — Anémie. — Dysménorrhée. Guérison.

Mlle H..., 20 ans, corsetière, se présente, en 1886, à la consultation du docteur P... Elle est pâle, amaigrie, très faible, se plaint d'inappétence et de fréquents vertiges. Des maux de tête,

pour ainsi dire continuels, l'obligent à délaisser
souvent son atelier. Sa menstruation est irré-
gulière et très douloureuse. Cédant à divers
conseils, elle avait, sans aucun sccès, pris du vin
de quinquina et de l'huile de foie de morue. Le
docteur P... lui prescrit du Vin chalybé de
Millet, à la dose de deux verres à liqueur par jour,
et lui impose un repos complet d'une quinzaine de
jours. Peu à peu, l'appétit renaît en même temps
que les forces, et la jeune ouvrière est en état
de reprendre assidûment ses occupations ordinaires. Lorsqu'elle va consulter son médecin,
c'est pour le remercier de lui avoir ordonné de
prendre du Vin de Millet.

OBSERVATION II.

Epuisement prématuré. — Impuissance. Guérison.

M. A..., 32 ans, négociant, se présente, en
1885, chez le docteur F.... Il n'a, dit-il, aucun
goût au travail et se sent porté à la mélancolie.
Il ressent assez souvent des maux de tête et de
vagues douleurs le long de la colonne vertébrale.
Mais, ce qui lui cause quelque peine, c'est de

n'éprouver aucune sensation agréable en présence des filles d'Eve, même les plus séduisantes. Serait-il donc, à 32 ans ! condamné au sort peu enviable de gardien du harem ? Il veut en avoir le cœur net. Le docteur F... l'interroge sur son passé et apprend, sans surprise, que M. A... s'est montré pendant plusieurs années un trop fervent adorateur de Vénus.

Deux mois de repos absolu, quelques douches froides et une dose quotidienne de Vin chalybé de Millet font merveille, l'intéressant malade retrouve sa puissance et sa gaieté. Aujourd'hui il est marié et, bonheur complet, père d'un gros garçon.

OBSERVATION III.

Fièvre typhoïde de forme adynamique. Guérison.

M. X..., âgé de 17 ans, horloger, est atteint d'une fièvre typhoïde qui présente tous le symptômes ordinaires. Il existe, en outre, une grande dépression des forces. La diarrhée, très abondante, n'est pas seulement due aux altérations glandulaires de l'intestin, mais aussi à l'atonie

de cet organe. Les moyens ordinaires employés pour combattre ce symptôme ne donnant que peu de résultats, le médecin qui soigne le jeune patient prescrit le Vin chalybé de Millet à la dose de deux cuillerées à potage par jour. Quatre jours plus tard, la diarrhée est de beaucoup amoindrie, et le vingt-deuxième jour le malade entre en convalescence. A ce moment, on double la dose de Vin chalybé et le malade est rapidement guéri.

OBSERVATION IV.

Bronchite chronique. — Guérison.

Mme B..., 38 ans, est atteinte, depuis deux ans, d'une bronchite chronique avec une abondante expectoration. Vers la fin de l'année 1887 son état général devenant très mauvais, le docteur J. B., qui la soigne, lui prescrit du Vin de Millet. Elle en prend deux verres à liqueur par jour pendant quinze jours et s'aperçoit que ses forces renaissent comme par enchantement; l'expectoration diminue. Elle déclare à son médecin qu'elle aura recours au Vin de Millet chaque fois qu'elle ressentira le plus léger affaiblissement.

OBSERVATION V.

Diarrhée de Cochinchine. — Guérison.

M. V..., officier de marine, âgé de 38 ans, a séjourné pendant plusieurs années en Cochinchine et au Tonkin, d'où il est revenu tout récemment. Pendant son séjour à Saïgon, il a été atteint de la terrible diarrhée dite de Cochinchine et dut cesser son service durant sept mois. A sa rentrée en France, il songea à se débarrasser complètement de son mal et s'adressa à un savant médecin qui lui conseilla de faire usage du Vin chalybé de Millet. Il en prit trois verres à liqueur par jour, et ne tarda pas à obtenir un très grand soulagement. Au bout de six semaines, le résultat si désiré était obtenu.

OBSERVATION VI.

Anémie cérébrale. — Perte de la mémoire. Guérison

X. V..., âgé de 60 ans, présente tous les signes de l'anémie et de la débilité. Ses facultés intellectuelles sont amoindries, sa mémoire est à

peu près nulle. Il éprouve, dit-il, une sensation
de vide dans la tête et n'a plus d'aptitude au travail. Son médecin, ayant expérimenté en pareil
cas le Vin chalybé de Millet, lui conseille d'en
prendre deux fois par jour, tout en gardant le
repos pendant quelque temps. Peu à peu, X. V...
reprend courage, sa mémoire est meilleure et il
se trouve actuellement dans un état de santé très
satisfaisant.

OBSERVATION VII.

Lymphatisme. — Arrêt de développement.

Le jeune R..., âgé de neuf ans, est pâle et lan-
guissant, ses chairs sont molles, sa taille est in-
férieure à celle des enfants de son âge. Il a de
fréquents engorgements des ganglions cervicaux
et sous-maxillaires. Pour se conformer à l'usage
établi, sa mère lui fait prendre, pendant de longs
mois, du vin de quinquina et de l'huile de foie de
morue. Il n'apparaît dans son état aucune amé-
lioration. Le docteur J..., consulté, ordonne deux
verres à liqueur de Vin chalybé de Millet à
prendre chaque jour. En moins d'un mois, R...
changeait très heureusement d'aspect, son teint

se colorait, son poids augmentait, et il pouvait prendre part aux études et aux jeux de ses camarades. Son état général est maintenant aussi satisfaisant que possible.

OBSERVATION VIII.

Menstruation tardive et difficile.

Mlle G..., âgée de 16 ans, est assez bien développée ; elle présente toutefois les attributs de la chloro-anémie. A quinze ans, les règles sont apparues, en très faible quantité, pendant deux heures. Depuis cette époque, rien, sinon une leucorrhée assez abondante, se répétant de temps à autre. Ce catarrhe est accompagné de vives douleurs. La mère de Mlle G..., très-inquiète, va consulter son médecin, qui prescrit quelques bains de Barèges et l'usage quotidien du Vin chalybé de Millet. Après trois mois de ce traitement, les règles se montrent à peu près chaque mois, en quantité appréciable. Ce qui n'empêche pas Mlle G... de prendre encore de temps en temps de l'excellent Vin qui lui a rendu un si grand service.

OBSERVATION IX.

Diarrhée chez un enfant. — Guérison.

Un enfant de trois ans, d'aspect chétif et d'un tempérament lymphatique est atteint depuis plusieurs mois d'une diarrhée contre laquelle les moyens ordinaires de guérison ont échoué. On lui administre, matin et soir, du Vin chalybé de Millet qu'il boit d'ailleurs avec le plus grand plaisir. Au bout d'une semaine, la diarrhée était très amoindrie; elle disparut complètement en quinze jours.

OBSERVATION X.

Métrite catarrhale douloureuse chez une jeune mère. — Guérison.

M⁰ T. L., âgée de 29 ans, est accouchée depuis trois mois. Son accouchement a été difficile et de longue durée. Les suites n'ont rien présenté d'exceptionnel. Les règles se sont montrées deux fois en grande abondance, dans l'intervalle il existait une leucorrhée notable. M⁰ T. L., souffrant beaucoup du ventre et de l'estomac, consulta son médecin qui, après avoir constaté l'existence d'une métrite catarrhale, prescrivit le repos et l'usage du Vin chalybé de Millet. En moins de six semaines, tous les symptômes disparurent et M⁻ T. L.... retrouva la santé.

Les observations qui précèdent montrent clairement que le Vin chalybé balsamique donne les plus remarquables succès dans un grand nombre d'affections comme : *la chlorose et l'anémie* où les globules sanguins font défaut ; *l'épuisement prématuré et l'impuissance génésique* résultant d'une atonie bulbo-rachidienne consécutive à un abus des organes générateurs. Ce Vin est de la plus grande utilité dans le cours et dans la convalescence de la *Fièvre typhoïde* et de la *Fièvre intermittente*. Il s'est montré très-efficace dans la *Diarrhée de Cochinchine*, dans la *Diarrhée sporadique des enfants et des vieillards*, dans la *Bronchite chronique*.

Les jeunes filles, dont la menstruation était difficile à établir ou accompagnée de vives douleurs, en ont retiré les plus grands avantages ; quant aux jeunes mères, nourrices ou non, elles n'ont pas tardé à retrouver par son usage, les forces et les couleurs qu'elles avaient perdues.

On l'a trouvé inappréciable dans les cas d'*a-
némie et de fatigue cérébrales*, aussi bien chez
les adultes, surmenés par les travaux intellec-
tuels, que chez les vieillards, dont le système
artériel a subi la dégénérescence athéromateuse.

On peut donc dire que le Vin chalybé balsamique de Millet se montre un agent de premier
ordre, dans les cas si nombreux, où il s'agit de
tonifier les tissus organiques et d'en stimuler la
nutrition.

MODE D'EMPLOI

Enfants de deux à huit ans. — Un verre à liqueur par jour.

Enfants de huit à quinze ans. — Deux verres à
liqueur par jour.

Adultes. — Deux à trois verres à liqueur par
jour.

Beauvais. — Typ. D. PÈRE, rue Saint-Jean.

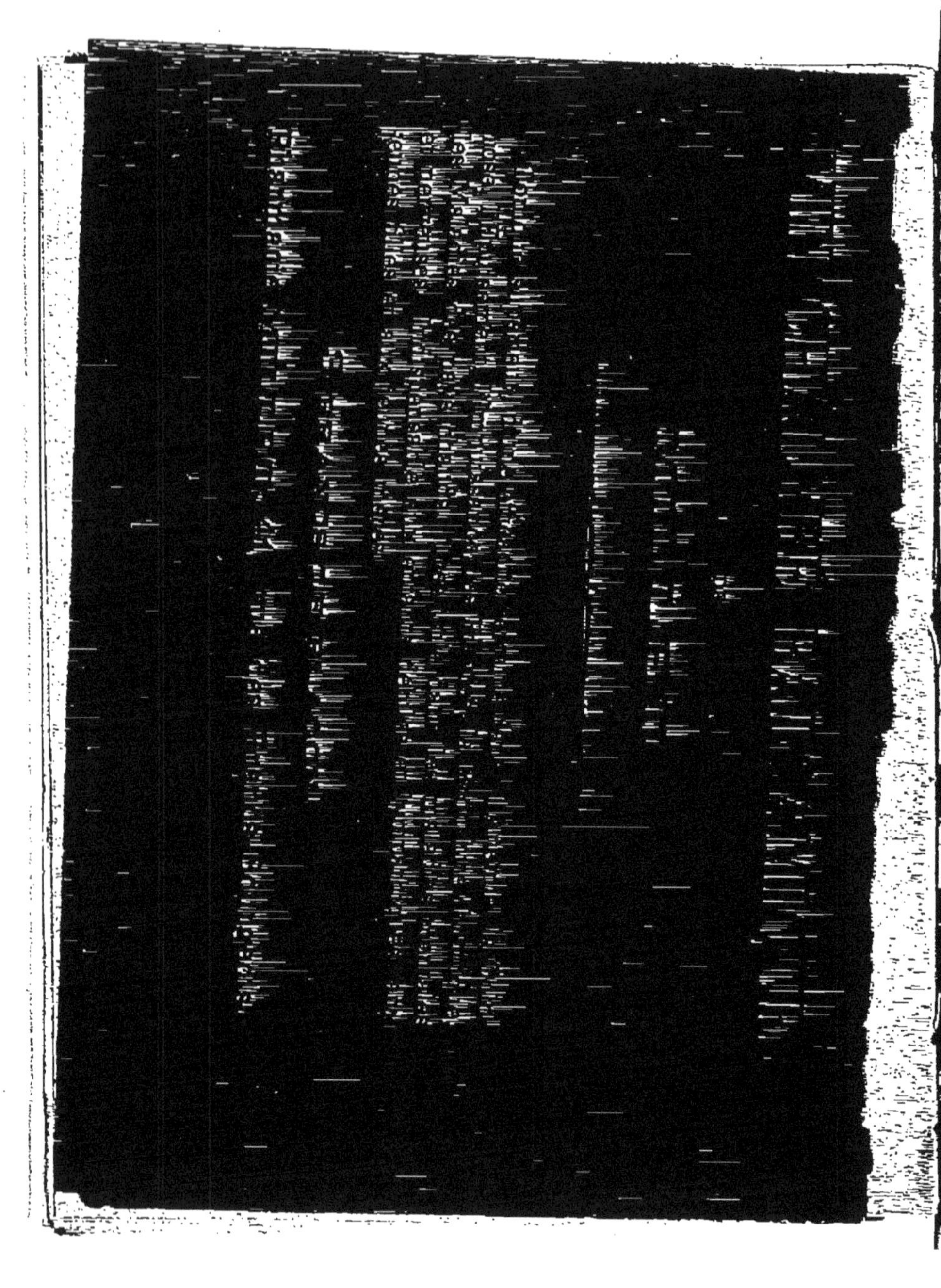